河南省工程建设标准

沉管式检查井技术标准

Technical standard for immersed-installation inspection shaft

DBJ41/T 249-2021

主编单位:郑州市市政工程总公司
批准单位:河南省住房和城乡建设厅
施行日期:2021 年 8 月 1 日

黄河水利出版社

2021 郑州

图书在版编目(CIP)数据

沉管式检查井技术标准/郑州市市政工程总公司主编.—郑州:黄河水利出版社,2021.10

ISBN 978-7-5509-3138-1

Ⅰ.①沉…　Ⅱ.①郑…　Ⅲ.①沉管-检查井-技术标准-河南　Ⅳ.①TU991.12-65

中国版本图书馆 CIP 数据核字(2021)第 207548 号

出　版　社:黄河水利出版社
　　　　　地址:河南省郑州市顺河路黄委会综合楼 14 层　邮政编码:450003
发行单位:黄河水利出版社
　　　　　发行部电话:0371-66026940、66020550、66028024、66022620(传真)
　　　　　E-mail:hhslcbs@126.com
承印单位:郑州豫兴印刷有限公司
开本:850 mm×1 168 mm　1/32
印张:1.375
字数:35 千字
版次:2021 年 10 月第 1 版　　　　印次:2021 年 10 月第 1 次印刷

定价:32.00 元

河南省住房和城乡建设厅文件

公告〔2021〕51号

河南省住房和城乡建设厅
关于发布工程建设标准《沉管式检查井
技术标准》的公告

现批准《沉管式检查井技术标准》为我省工程建设地方标准，编号为 DBJ41/T 249-2021,自 2021 年 8 月 1 日起在我省实施。

本标准在河南省住房和城乡建设厅门户网站(www. hnjs. gov. cn)公开,由河南省住房和城乡建设厅负责管理。

附件:沉管式检查井技术标准

河南省住房和城乡建设厅
2021 年 6 月 24 日

前　言

根据河南省住房和城乡建设厅《关于印发〈2014 年度河南省第一批工程建设标准制订修订计划〉的通知》(豫建设标〔2014〕10号)的要求,标准编制组经广泛调查研究,认真总结排水管道非开挖施工及旧有管道维修实践经验,参考有关国际标准和国外先进标准,并在广泛征求意见的基础上,编制了本标准。

本标准的主要技术内容是:总则、术语和符号、材料、设计、施工、验收、施工安全与环境保护。

本标准由河南省住房和城乡建设厅负责管理,由郑州市市政工程总公司(地址:河南省郑州市友爱路 1 号,邮政编码:450007,电子邮件:wujidong@ 126. com,电话:0371－67170367)负责具体技术内容的解释。

主编单位:郑州市市政工程总公司

参编单位:河南中豫路桥工程有限公司

中国建筑第七工程局有限公司

郑州市市政工程总公司第四工程分公司

恒兴建设集团有限公司

河南省交通规划设计研究院股份有限公司

郑州市市政公用工程检测有限公司

河南恒盛市政园林绿化工程有限公司

河南省有色工程勘察有限公司

郑州市建设投资集团有限公司

主要起草人:吴纪东　王明远　光军伟　陈　波　王岭军

马国强　李　巍　栾　宁　张奇伟　贾　猛

秦言亮　任　远　何延刚　李乐辉　冯大阔

吴亚明　王　申　赵艳辉　张力文　郑慧斌

　　　　　　李　磊　　田志杰　　郑全成　　李金环　　张双梅
　　　　　　张永亮　　康　健　　孙　超　　申丽晓　　郑璐璐
　　　　　　王超慧　　赵春发　　吴　爽　　魏春光
审查人员:胡伦坚　罗付军　　杜明芳　　宋建学　　巴松涛
　　　　　　白家波　　叶雨山

目　次

1 总 则

1.0.1 为规范沉管式检查井的设计、施工及验收,做到技术先进,保证施工质量及安全,制定本标准。

1.0.2 本标准适用于新建、扩建和改建的无压管道上自沉式检查井的设计、干法施工及验收。

1.0.3 沉管式检查井应根据水文地质条件、社会环境条件及施工能力等因素进行设计、施工。

1.0.4 沉管式检查井的设计、施工及验收,除应符合本标准的规定外,尚应符合国家现行有关标准的规定。

2 术语和符号

2.1 术 语

2.1.1 竖向沉管

通过管内除土,依靠钢筋混凝土管节自重及附加重力克服井壁摩阻力后,将一节或多节钢筋混凝土管节逐节竖向下沉至既有管道上表面。

2.1.2 组合基础

检查井下部既有管道两侧经开挖,将管道下部同检查井壁现浇成一体共同组成的检查井基础(见图2.1.2)。

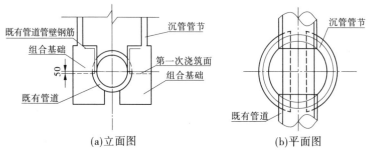

(a)立面图　　　　　　　　(b)平面图

图 2.1.2　沉管式检查井组合基础 （单位:mm）

2.1.3 后装式爬梯

在沉管式检查井内壁上通过钻孔安装爬梯。

2.1.4 井室盖板

位于沉管最上部设置有人孔的钢筋混凝土板状构件,用于封闭沉管上口,形成井室空间,简称"盖板"。

2.1.5 沉管式检查井

利用钢筋混凝土管垂直安放,通过管内除土方式下沉至既有管道上表面,除土至既有管道下部,现浇混凝土连接既有管道和垂直管节完成的检查井,简称"沉管井"。

2.1.6　下沉系数

作用在一节或多节下沉管节上的使管节下沉的竖向作用力与管节下沉过程中所受阻力的比值。

2.1.7　初沉阶段

首节管节开始下沉时起,至下沉到该节管节 2/3 长度为止的阶段。

2.1.8　持续下沉阶段

初沉阶段与终沉阶段之间的阶段。

2.1.9　终沉阶段

下沉管节距既有管道上表面 0.5 m 时起至与既有管道上表面接触为止的阶段。

2.2　符　号

A——组合基础底面面积;

B ——基础底面宽度;

b ——管节壁厚;

d ——基础埋置深度;

$F_{sv,k}$ ——竖向土压力;

F_k ——沉管井基础上部结构传递至基础顶面的竖向力值;

f_k ——单位摩阻力标准值;

f_a ——修正后的地基承载力特征值;

f_{ak} ——地基承载力特征值;

f_{ka} ——多土层单位摩阻力标准值的加权平均值;

f_{ki} ——第 i 层土单位摩阻力标准值;

H ——沉管深度;

H_s ——盖板上的覆土厚度;

h_{si} ——第 i 层土的厚度；

K ——下沉系数；

G ——下沉过程中已安装管节的自重标准值；

N ——助沉配重标准值；

n ——沿沉管下沉方向不同类别土层的层数；

n_s ——竖向土压力系数；

P_K ——相应于荷载效应组合时,基础底面处的平均压力值；

q ——基础自重、基础上的土重的合量,包括破除后的管道重量、预计的检查井存水重量；

R ——沉管刃脚反力；

R_d ——地基土极限承载力标准值；

S ——沉管外壁与土体的接触面面积；

T_f ——沉管外壁与土体的总摩阻力标准值；

U ——管节外围周长；

γ ——基础底面以下土的重度；

γ_m ——基础底面以上土的加权平均重度；

γ_s ——回填土的重力密度；

η_b ——基础宽度的地基承载力修正系数；

η_d ——基础埋深的地基承载力修正系数。

3 材 料

3.0.1 水泥宜采用硅酸盐水泥、普通硅酸盐水泥,其性能应符合现行国家标准《通用硅酸盐水泥》GB 175 中的相关规定。

3.0.2 细骨料宜采用级配良好、质地坚硬、颗粒洁净的中粗砂,含泥量不应超过 2%。

3.0.3 粗骨料宜采用粒形良好、质地坚硬的洁净碎石,其最大粒径不应超过构件截面最小尺寸的 1/4,且不应超过钢筋最小净间距的 3/4,含泥量不应超过 1%,其中盖板构件的粗骨料的最大粒径不宜超过板厚的 1/3,且不应超过 40 mm。

3.0.4 混凝土拌和及养护用水宜采用符合国家现行标准《混凝土用水标准》JGJ 63 中的有关规定。

3.0.5 当混凝土配制中采用外加剂时,应符合国家现行标准《混凝土外加剂应用技术规范》GB 50119 的有关规定,并应根据试验确定外加剂适用性及相应的掺量。

3.0.6 钢筋性能应符合现行国家标准《钢筋混凝土用钢 第 1 部分:热轧光圆钢筋》GB/T 1499.1、《钢筋混凝土用钢 第 2 部分:热轧带肋钢筋》GB/T 1499.2 的相关规定,采用的钢筋应具有出厂合格证和见证取样复试合格报告。

3.0.7 沉管管材应符合现行国家标准《混凝土和钢筋混凝土排水管》GB/T 11836 的相关规定,其混凝土强度等级不应低于 C40,抗渗等级不应低于 P8,管体外表面应有明显识别标记,应有出厂证明书。

3.0.8 沉管式检查井的基础及盖板混凝土强度等级不应低于 C30,抗渗等级不应低于 P8。

3.0.9 沉管式检查井沉管管节的连接密封宜采用密封橡胶圈,密封橡胶圈应采用耐腐蚀的专用橡胶材料制成,并应由管材厂家配套供应,其性能、质量要求及其试验方法应符合现行行业标准《混凝土和钢筋混凝土排水管用橡胶密封圈》JC/T 946 的相关规定。

4 设 计

4.1 构 造

4.1.1 沉管式检查井由组合基础、井室、盖板、井筒、井盖等构成（见图4.1.1）。

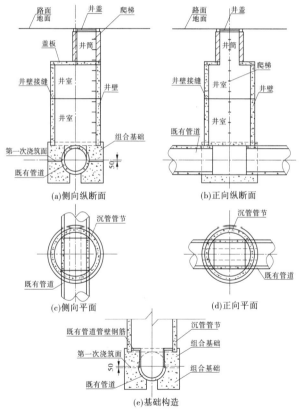

(a)侧向纵断面　　　　　　(b)正向纵断面

(c)侧向平面　　　　　　(d)正向平面

(e)基础构造

图4.1.1　沉管式检查井构造图　（单位:mm）

4.1.2 钢筋混凝土沉管井井室直径宜大于 1.5 倍既有管道外径，且不宜小于 2 000 mm。

4.1.3 组成沉管式检查井井室的管节数的确定应同时考虑单节管道长度、井筒高度、井室高度等,经室筒适配后确定,且宜取整数。

4.2 下沉计算

4.2.1 沉管施工前应进行下沉验算,必要时尚应进行抗浮稳定性计算。

4.2.2 管节竖向下沉过程中,管节外壁与土体之间的摩阻力应根据工程地质、水文地质条件和下沉深度等因素并参考类似施工经验确定。

4.2.3 下沉管节外壁摩阻力沿管外壁深度方向的分布,可按如下假定计算:在 0~5 m 深度范围内,单位面积摩阻力按斜直线确定,在深度 5 m 以下,单位面积摩阻力为一常数,计算模型见图 4.2.3。

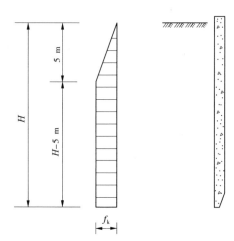

图 4.2.3 摩阻力沿沉管外壁分布图

4.2.4 沉管外壁与土层间的单位摩阻力标准值应根据工程地质条件,通过试验或根据经验确定。当无试验或无可靠经验时,可根据土层类别按表4.2.4的规定选用。

表4.2.4　沉管外壁与土层间的单位面积摩阻力标准值f_k

土层类别	f_k(kPa)	土层类别	f_k(kPa)
流塑状态黏性土	10~15	砂性土	12~25
可塑、软塑状态黏性土	10~25	砂砾石	15~20
硬塑状态黏性土	25~50	卵石	18~30
泥浆套	3~5	空气幕	2~5

注:当沉管井外壁空隙为灌砂助沉时,单位摩阻力标准值可取7~10 kPa。

4.2.5 当沉管井所处土层为多种类别时,单位摩阻力可取各层单位摩阻力标准值的加权平均值,该值可按式(4.2.5)计算:

$$f_{ka} = \frac{\sum\limits_{i=1}^{n} f_{ki} h_{si}}{\sum\limits_{i=1}^{n} h_{si}} \qquad (4.2.5)$$

式中　f_{ka}——多土层单位摩阻力标准值的加权平均值,kPa;

　　　f_{ki}——第i层土单位摩阻力标准值,kPa,可按表4.2.4采用;

　　　h_{si}——第i层土的厚度,m;

　　　n——沿沉管下沉方向不同类别土层的层数。

4.2.6 沉管下沉系数按式(4.2.6-1)计算确定:

$$K = \frac{G + N}{T_f + R} \qquad (4.2.6\text{-}1)$$

$$T_f = f_k S \qquad (4.2.6\text{-}2)$$

$$R = U b R_d \qquad (4.2.6\text{-}3)$$

式中　K——下沉系数,应不小于1.05;

G ——下沉管节的自重标准值,kN;

N ——助沉配重标准值,kN,无助沉时取 0;

T_f ——沉管外壁与土体的总摩阻力标准值,kN;

f_k ——单位摩阻力标准值,kPa;

S ——沉管外壁与土体的接触面面积,m^2;

R ——沉管刃脚反力,kN;

U ——管节外围周长,m;

b ——管节壁厚,m;

R_d ——地基土极限承载力标准值,kPa,当缺少相关资料时,可按表 4.2.6 选取。

表 4.2.6 地基土极限承载力标准值

序号	土的种类	极限承载力标准值(kPa)
1	淤泥	100~200
2	淤泥质黏性土	200~300
3	细砂	200~400
4	中砂	300~500
5	粗砂	400~600
6	软塑、可塑状态粉质黏土	200~300
7	坚硬、硬塑状态粉质黏土	300~400
8	软塑、可塑状态黏性土	200~400
9	坚硬、硬塑状态黏性土	300~500

4.3 组合基础设计

4.3.1 组合基础设计应符合现行国家标准《建筑地基基础设计规范》GB 50007 中的相关规定。

4.3.2 沉管式检查井组合基础底面的压力应符合式(4.3.2)的要求：

$$P_{K} \leqslant f_{a} \qquad (4.3.2)$$

式中 P_K——相应于荷载效应组合时,基础底面处的平均压力值,kPa;

f_a——修正后的地基承载力特征值,kPa。

4.3.3 地基承载力特征值应根据地质勘查报告选用,当缺少相关资料时,可由载荷试验或其他原位测试、公式计算并结合工程实践经验等方法综合确定。

4.3.4 当基础宽度大于 3 m 或埋置深度大于 0.5 m 时,从载荷试验或其他原位测试、经验值等方法确定的地基承载力特征值,尚应按式(4.3.4)修正：

$$f_{a} = f_{ak} + \eta_{b}\gamma(B - 3) + \eta_{d}\gamma_{m}(d - 0.5) \qquad (4.3.4)$$

式中 f_{ak}——地基承载力特征值,kPa;

η_b——基础宽度的地基承载力修正系数,按表 4.3.4 选取;

η_d——基础埋深的地基承载力修正系数,按表 4.3.4 选取;

γ——基础底面以下土的重度,kN/m³;

B——基础底面宽度,m,小于 3 m 时按 3 m 取值,大于 6 m 时按 6 m 取值;

γ_m——基础底面以上土的加权平均重度,kN/m³;

d——基础埋深,m,一般自地面标高算起,在填方整平地区,可自填土地面标高算起,但填土在上部结构施工后完成时,应从天然地面标高算起。

表 4.3.4 地基承载力修正系数

土的类别		η_b	η_d
淤泥和淤泥质土		0	1.0
人工填土 孔隙比或液性指数≥0.85 的黏性土		0	1.0
红黏土	含水比>0.8	0	1.2
	含水比≤0.8	0.15	1.4
大面积 压实填土	压实系数大于 0.95、黏粒含量≥10%的粉土	0 0	1.5 2.0
粉土	黏粒含量≥10%的粉土	0.3	1.5
	黏粒含量<10%的粉土	0.5	2.0
孔隙比及液性指数均小于 0.85 的黏性土		0.3	1.6
粉砂、细砂(不包括很湿与饱和时的稍密状态)		2.0	3.0
中砂、粗砂、砂砾和碎石土		3.0	4.4

注:1. 含水比是指土的天然含水量与液限的比值;

2. 大面积压实填土是指填土范围大于 2 倍基础宽度的填土。

4.3.5 基础底面的压力宜按式(4.3.5)确定:

$$P_K = \frac{F_k + q}{A} \qquad (4.3.5)$$

式中 F_k——沉管井基础上部结构传递至基础顶面的竖向力值,kN;

q——基础自重、基础上的土重的合量,包括破除后的管道重量、预计的检查井存水重量,kN;

A——组合基础底面面积,m^2。

4.4 沉管式检查井盖板设计

4.4.1 沉管式检查井盖板应按承载能力极限状态计算,盖板上覆土厚度不宜大于 2.5 m。

4.4.2 沉管式检查井盖板的活荷载标准值应根据实际情况确定,当无特殊要求时可取 4.0 kN/m²,准永久值系数取 0.4。

4.4.3 作用在盖板上竖向土压力标准值,应按式(4.4.3)计算:

$$F_{sv,k} = n_s \gamma_s H_s \qquad (4.4.3)$$

式中 $F_{sv,k}$ ——竖向土压力,kN/m²;

n_s ——竖向土压力系数,一般可取 1.0;

γ_s ——回填土的重力密度,kN/m³,可按 18 kN/m³ 取值;

H_s ——盖板上的覆土厚度,m。

4.4.4 盖板应在适当位置设置吊环,吊环应采用 HPB300 钢筋制作,并能满足盖板的吊装要求。

5 施 工

5.1 一般规定

5.1.1 施工前应踏勘施工现场,复核相关设施及构筑物的位置和标高。

5.1.2 施工现场用电应符合国家现行标准《建设工程施工现场供用电安全规范》GB 50194 及《施工现场临时用电安全技术规范》JGJ 46 中的有关规定。

5.1.3 进入施工现场的管节宜在沉管位置附近经硬化处理的场地竖向放置,任意两管节净间距不宜小于 1.5 m。

5.1.4 施工单位应根据设计文件、施工条件编制沉管式检查井施工方案,由单位技术负责人审批后实施。

5.1.5 施工单位应建立、复核施工测量控制网,并对控制点进行保护。

5.1.6 施工现场应配备施工所需的辅助设备、辅助材料、施工工具以及安全防护措施。

5.2 测 量

5.2.1 沉管井定位前应复测既有地下管道轴线位置,根据实际轴线位置及设计图纸定位沉管井井位并复测井位处管线高程。

5.2.2 沉管施工前应根据现场情况在井位周边增设管节下沉控制桩并在平面图上进行标记,施工过程中应加以保护。

5.2.3 管节竖直安放就位后应将地下管道轴线引测到管外皮上,并在平行管外皮轴线的管皮其他位置标记高度刻度线。

5.2.4 在管节内壁上与外壁对应位置也应标记出轴线,并在管节最高点设置挂线坠装置。

5.2.5 每班沉管测量开始前,应对控制桩、已完成工程部位及轴线进行联合复测。

5.2.6 初沉阶段应加强观测,管节就位后开始下沉前应测量一次,后续每下沉 1 m 不应少于一次。

5.2.7 基础施工后应复测沉管井位置及高程并做好记录。

5.3 沉 管

5.3.1 管节下沉前应根据设计井筒标高开挖基坑,对基坑底进行清理、平整并夯实。

5.3.2 吊装管节使用的起重机械或设备应功能正常、完整,起重吊装作业应符合现行行业标准《建筑施工起重吊装工程安全技术规范》JGJ 276 中的相关规定。

5.3.3 起吊管节时应严格遵守管节吊装说明,严禁穿心吊。

5.3.4 首节管节安放时,宜使承口向下放置于地面井位处。

5.3.5 管内除土下沉时应先挖中间部分,然后向周围扩展除土,除土施工应对称、均匀。

5.3.6 初沉阶段每次除土深度不宜超过 500 mm;持续下沉阶段及终沉阶段每次除土深度不宜超过 800 mm。

5.3.7 下沉接管前应控制已下沉管节的外露高度,不宜小于 500 mm。

5.3.8 沉管纠偏应符合下列规定:

    1 沉管纠偏应根据测量数据随偏随纠,纠偏时应遵循"以防为主,以纠为辅,勤测、慢纠、缓纠、有偏必纠、纠则适度"的原则。

    2 沉管纠偏宜采用除土纠偏、压重纠偏。

5.3.9 当沉管下沉系数小于 1 时,宜采用灌砂法、压重法等助沉法配合管节下沉,不宜采用接管法助沉。

5.4 沉管井基础施工

5.4.1 沉管井基础施工前,首节管节应下沉到既有地下管道管上皮位置。

5.4.2 基础开挖直径应大于下沉管节外径 200 mm,开挖深度从既有地下管道管下皮最低点算,不应小于 300 mm,同时,基础开挖尚应从既有地下管道两侧向管道下部伸入,至不小于既有管道直径的 1/3 处(见图 4.1.1)。

5.4.3 沉管井基础钢筋骨架可根据井下操作空间分段制作、安装。

5.4.4 沉管井基础混凝土浇筑应分两次进行,第一次混凝土浇筑应至既有管道半管位置以下 50 mm 处(见图 4.1.1)。

5.4.5 在方便施工且不涨模的前提下,可根据井下操作面和基础混凝土的几何尺寸来决定采用模板的材质及支护方式。

5.4.6 沉管井基础模板、钢筋及混凝土施工除满足本标准的规定外,尚应符合国家现行标准《混凝土结构工程施工规范》GB 50666 中的相关规定。

5.4.7 既有地下管道破除宜在第一次混凝土浇筑且硬化后,破除既有地下管道时,应采取措施控制破除范围,破除范围不应超过井室范围内的管道上 1/2 管壁,并应避免损坏管道破除范围内的原管道配筋。

5.4.8 截断管道破除范围内的原管道配筋时宜采用液压剪,对截断的原管道配筋弯折时应控制弯折位置。

5.4.9 沉管井基础混凝土坍落度宜控制在 30~50 mm,当采用泵送混凝土时,坍落度宜控制在 160~180 mm。

5.4.10 沉管井混凝土基础与下沉到位的管节之间宜采取以下抗渗措施:

　　1 采取混凝土自身防水,基础混凝土浇筑时浇筑面应比接头

处混凝土高 10~20 mm,采用包裹的方式加强抗渗能力;

2 在管节承口内侧安装遇水膨胀止水条;

3 在止水条内侧宜安装注浆花管,控制接缝处渗漏。

5.4.11 沉管井基础混凝土浇筑完毕后,宜采用覆盖保湿法进行养护,养护时间不宜少于 7 d。

5.4.12 沉管井基础模板的拆除,应符合下列规定:

1 拆模时,混凝土强度应满足设计要求,设计无要求时混凝土强度不宜低于 90%;

2 拆模不得损坏混凝土结构的边、角、面。

5.4.13 沉管井基础混凝土未达到设计要求强度前不得投入使用。

5.5　盖板及后装式爬梯安装

5.5.1 盖板安放前沉管井基础应施工完毕,且沉管井基础混凝土强度应满足设计要求。

5.5.2 盖板安放时人孔位置应根据后装式爬梯安放位置调整,与后装式爬梯安放位置保持一致;盖板安放前,安放位置宜满铺 M10 防水水泥砂浆。

5.5.3 后装式爬梯的安装应符合下列规定:

1 后装式爬梯的安装孔应进行放样和定位,经核对无误后方可钻孔,孔深不宜小于管壁的 2/3,且不小于 100 mm,钻孔后应立即清孔;

2 爬梯安装前应清除表面浮锈和污渍,且安装孔内表层含水率应符合胶粘剂使用要求;

3 向安装孔内灌注胶粘材料时,应从安装孔底部起灌,边灌边缓慢拔出灌注头至孔口,爬梯插入孔内后应等到材料固化后方可踩踏。

5.5.4 爬梯安装并能正常使用后应按设计要求对沉管管节接缝

进行处理,当设计无要求时,可采用弹性密封膏密封,密封膏进入管缝深度不小于 15 mm,且表面应抹平,不得凸入井内。

5.6 季节性施工

5.6.1 施工期间应主动了解气象信息,提前做好防范准备。

5.6.2 雨期施工时应符合下列规定:

1 雨期施工应充分利用地形与现有排水设施,经评估现有地形及排水设施不足以应对降雨时应及时修建新的临时排水设施;

2 雨期进行沉管井施工前应对井口采取挡水及导流措施;

3 降雨时宜停止施工,巡查现场;

4 雨期施工中断时,应用防雨材料覆盖井口;

5 发现沉管井进水后应立即组织排水并强化防雨措施;

6 雨后开始沉管井施工前,应对沉管井施工现场进行确认。

5.6.3 热期施工时应符合下列规定:

1 宜避开高温时段施工;

2 宜在沉管井内安装、使用通风降温设施及在井口搭设遮阳棚;

3 井下、井上操作工人宜缩短轮换时间;

4 应采取措施加快混凝土拌和物入模,浇筑完毕应及时覆盖、洒水保湿养护。

5.6.4 冬季施工时应对浇筑前的混凝土混合料及易受低温影响的防水材料采取保温措施。

5.6.5 遇大风天气宜停止施工,同时应采取措施防止异物落入沉管井内。

6 验 收

6.1 一般规定

6.1.1 沉管式检查井施工质量验收应以每 5 座井作为一个验收批,小于 5 座的按一个验收批,验收批的质量应按主控项目和一般项目进行验收。

6.1.2 隐蔽工程应组织隐蔽验收,确认合格并形成隐蔽文件后予以隐蔽。

6.1.3 验收批质量验收合格应符合下列规定:

    1 主控项目的质量验收经抽样检验合格;

    2 一般项目中的实测项目抽样检验的合格率应达到80%以上,且超差点的最大偏差值应在允许偏差值的 1.5 倍范围内;

    3 主要工程材料的进场验收和复验合格,试块、试件检验合格;

    4 主要工程材料的质量保证资料以及相关实验检测资料齐全、正确,具有完整的施工操作依据和质量检查记录。

6.1.4 质量验收记录应按现行国家标准《给水排水管道工程施工及验收规范》GB 50268 中的相关规定。

6.2 主控项目

6.2.1 所用原材料的产品质量应符合国家有关标准的规定和设计要求,其中所用管材混凝土强度等级不应低于 C40,抗渗等级不应低于 P8。

    检查方法:检查产品质量合格证、出厂检验报告和进场复验报告。

    检查数量:全数检查。

6.2.2 密封橡胶圈质量应符合现行行业标准《混凝土和钢筋混凝土排水管用橡胶密封圈》JC/T 946 的相关要求。

1 密封橡胶圈应位置正确,无扭曲、外露现象,且不得有割裂、破损、气泡、孔洞、飞边等缺陷,其几何尺寸等均应符合有关标准及设计规定。

检查方法:观察,用钢尺量测。

检查数量:逐根检查。

2 密封橡胶圈应有出厂检验质量合格的检验报告。产品到达现场后,检查其硬度、压缩率和抗拉力,其值不应小于出厂合格标准。

检查数量:抽检进场密封橡胶圈数量的5%。

6.2.3 混凝土基础的抗压强度等级、抗渗等级符合设计要求。

检查方法:检查混凝土浇筑记录,检查试块的抗压强度、抗渗试验报告。

检查数量:每座井基础混凝土的抗压强度、抗渗试块应各留置一组。

6.2.4 沉管井盖板的抗压强度等级、抗渗等级符合设计要求。

检查方法:检查混凝土浇筑记录,检查试块的抗压强度、抗渗试验报告。

检查数量:每座井盖板混凝土的抗压强度、抗渗试块应各留置一组。

6.3 一般项目

6.3.1 混凝土无明显质量缺陷;井室无明显湿渍现象。

检查方法:观察。

检查数量:每一座井。

6.3.2 管节连接接口处无破损。

检查方法:观察。

检查数量:每个接口。

6.3.3 井内部构造符合设计和水力工艺要求,且部位位置及尺寸正确,无建筑垃圾等杂物。

检查方法:观察。

检查数量:每一座井。

6.3.4 井室内爬梯位置正确、牢固。

检查方法:观察,用钢尺量测。

检查数量:每一座井。

6.3.5 井盖、座规格符合设计要求,安装稳固。

检查方法:观察。

检查数量:每一座井。

6.3.6 沉管式检查井施工允许偏差应符合表 6.3.6 的规定。

表 6.3.6　沉管式检查井施工允许偏差

序号	检查项目	允许偏差 (mm)	检查数量 范围	检查数量 点数	检查方法
1	平面轴线位置 (轴向、垂直轴向)	15	每座	2	用钢尺量测、 用经纬仪量测
2	结构断面尺寸	+10,0		2	用钢尺量测
3	井室直径	±20		2	用钢尺量测
4	垂直度	≤0.1%H		2	用钢尺量测
5	井壁管节错口	15%壁厚, 且≤20		1	用钢尺量测
6	井口高程	路面±5 非路面+20		1	用水准仪量测
7	基础底高程	0,-20		2	
8	爬梯水平间距、 垂直间距及 外露长度	±10		1	用钢尺量测
9	流槽宽度	+10		1	用钢尺量测

注:H 为沉管总长度。

7 施工安全与环境保护

7.1 施工安全

7.1.1 沉管井施工前应对沉管位置的地下障碍物情况进行调查。

7.1.2 基坑开挖施工时应采取防护措施,防护措施应符合现行行业标准《建筑施工土石方工程安全技术规范》JGJ 180 中的有关规定。

7.1.3 基坑周围设置的防护栏杆,其立杆距基坑边缘不小于 1.0 m,防护栏杆高度不小于 1.2 m,且应在防护栏杆上安装警示标志。

7.1.4 管节吊装时,起重设备架设位置不应影响基坑边坡的稳定性。

7.1.5 起重设备在架空高压输电线附近作业时,与线路间的安全距离应符合相关管理部门的规定。

7.1.6 应在沉管井内壁上设置固定或可移动的供施工人员进出井的梯子或其他攀爬设施,并应确保其安全性。

7.1.7 人工井下除土时不宜多人同时操作,井下出土时应采取措施防止人员受到伤害,当采用机械除土时,井下严禁站人。

7.1.8 井下照明应使用没有接头的橡胶软电缆,且井口应采取防止电缆受到摩擦的技术措施。

7.1.9 井下照明必须采用 12 V 以下电压,照明灯应具有移动及防碰撞功能。

7.1.10 沉管式检查井施工时应设置强制通风装置,应对待开挖作业位置进行有毒、有害物质检测及防护。

7.1.11 井下破除运行中的排水管道作业应符合现行行业标准《城镇排水管道维护安全技术规程》CJJ 6 中的相关规定。

7.1.12 井下破除既有混凝土管道时,操作人员应佩戴护目镜、耳塞、口罩等劳动保护用品。

7.1.13 井下破除运行中的排水管道前,应将作业管道位置上下游各两个检查井井盖提前打开通风,同时记录管中水位。

7.1.14 井下破除运行中的排水管道时,操作人员应佩戴氧气面罩,并应佩戴安全带,由井上人员持安全绳预牵引。

7.1.15 沉管式检查井施工全程必须派人在井口处值守,井下破除既有管道时,井口处值守人员不得少于 2 人,严禁出现井下施工、井上无人值守的现象。

7.1.16 沉管井施工过程中应结合工程实际情况和周边环境实施工程监测,工程监测应符合现行国家标准《沉井与气压沉箱施工规范》GB/T 51130 中的相关规定。

7.2 环境保护

7.2.1 施工单位应分析并明确工程实施过程中生活污水、生产废水、废气、扬尘、噪声、建筑垃圾、生活垃圾等环境污染因素的产生环节,并据此采取管控措施,严禁未经处理随意排放。

7.2.2 施工现场宜配备环境保护管理人员对环境保护进行管理。

7.2.3 工序实施前应进行环境保护技术交底。

7.2.4 土方及建筑垃圾应分类统一覆盖存放,及时处理。

7.2.5 施工现场内裸露的黄土均应覆盖或做绿植处理。

7.2.6 从封闭施工区域外出的所有施工车辆均应对轮胎及外车体进行清理后方可外出,渣土和垃圾外运车辆必须采取覆盖措施。

7.2.7 施工现场的生活垃圾应日产日清。

本标准用词说明

1　为便于在执行本标准条文时区别对待,对于要求严格程度不同的用词说明如下:

1)表示很严格,非这样做不可的:

正面词采用"必须";

反面词采用"严禁"。

2)表示严格,在正常情况下均应这样做的:

正面词采用"应";

反面词采用"不应"或"不得"。

3)表示允许稍有选择,在条件许可时,首先应这样做的:

正面词采用"宜"或"可";

反面词采用"不宜"。

2　条文中指明必须按其他有关标准、规范执行时,其一般写法为"应按……执行"或"应符合……的要求(或规定)"。

非必须按指定的标准、规范执行时,采用"可参照……的要求(或规定)"。

引用标准名录

1 《通用硅酸盐水泥》GB 175

2 《建筑地基基础设计规范》GB 50007

3 《混凝土外加剂应用技术规范》GB 50119

4 《建设工程施工现场供用电安全规范》GB 50194

5 《给水排水管道工程施工及验收规范》GB 50268

6 《混凝土结构工程施工规范》GB 50666

7 《钢筋混凝土用钢 第1部分:热轧光圆钢筋》GB/T 1499.1

8 《钢筋混凝土用钢 第2部分:热轧带肋钢筋》GB/T 1499.2

9 《混凝土和钢筋混凝土排水管》GB/T 11836

10 《沉井与气压沉箱施工规范》GB/T 51130

11 《城镇排水管道维护安全技术规程》CJJ 6

12 《混凝土和钢筋混凝土排水管用橡胶密封圈》JC/T 946

13 《施工现场临时用电安全技术规范》JGJ 46

14 《混凝土用水标准》JGJ 63

15 《建筑施工土石方工程安全技术规范》JGJ 180

16 《建筑施工起重吊装工程安全技术规范》JGJ 276

河南省工程建设标准

沉管式检查井技术标准

Technical standard for immersed-installation inspection shaft

DBJ41/T 249-2021

条 文 说 明

目　次

1 总 则

1.0.2 本条规定沉管式检查井应在无压管道上进行下沉施工,不能在有压管道上施工沉管式检查井。本条中的无压管道是指工作压力小于0.1MPa的排水管道。

1.0.3 沉管式检查井施工能较好适用于黏土、亚黏土、粉土土质情况,对砂土、淤泥土、杂填土等流动性较好的土质宜对土体进行加固后使用。旧排水管道往往处于城市繁华道路,环境及安全要求较高,其设计和施工应考虑现场状况。

2 术语和符号

2.1 术 语

2.1.1 本条规定着重明确本标准中的沉管不同于传统意义上的沉管,传统意义上的沉管是指在水下铺设管道或修建隧道的一种施工方法,本标准中的沉管特指将钢筋混凝土排水管道竖立起来沉入土中,利用其内部空间作为井室,并利用其管壁作为支护结构和井壁。

2.1.7 管道下沉过程中,其从在地面竖直放置开始到下沉到位,其重心不断下降,首节管身重心位于地面以上时,其状态相对不够稳定,刃脚下的土质情况出现差别等原因易导致管身倾斜,重心进入地下后,管身受周围约束增多,整体状况相对会更稳定些,因此首节管身重心进入地下以前,需要加强测量,细心控制,防止首节管道下沉出现较大偏差,本标准规定的初沉阶段就是充分考虑了沉管的上述特点。

4 设 计

4.1 构 造

4.1.2 沉管井施工的工作原理要求井室应能给操作人员提供必要的操作空间,因此做此规定。

4.2 下沉计算

4.2.6 本条规定了沉管下沉系数计算方法,其中刃脚反力 R 的原计算公式为 $R = U\left(b + \dfrac{t}{2}\right)R_d$,其中, b 为刃脚踏面宽度, t 为刃脚斜面的水平投影宽度,对于管节下沉来讲,刃脚踏面宽度 b 相当于管节壁厚,刃脚斜面的水平投影宽度 t 为 0。

4.3 组合基础设计

4.3.5 沉管井基础底面的受力实际上包括沉管井自重、破除后既有管道重量及检查井中存水重量、基础自重等,同时还包括土层摩擦及破除管道的周围管道对破除段的连接支撑作用,仅考虑公式中的因素在现实中是偏于安全的。

4.4 沉管式检查井盖板设计

4.4.4 盖板上安装吊环时应根据盖板形状、大小及盖板钢筋具体设置情况,考虑起吊后盖板应处于基本的水平稳定状态而决定吊环设置位置。采用热轧钢筋,并严禁使用冷加工钢筋是因为冷加工钢筋在吊装过程中容易脆断,采用 HPB300 钢筋是因为其延性好,有较好的伸长率。

5 施 工

5.1 一般规定

5.1.1 为了防范地下隐蔽设施与沉管位置产生冲突而做此规定。

5.1.3 由于沉管井施工为点状施工,施工点管节用量不大,考虑到施工安全,要求竖放避免滚动,管节间相距1.5m以上能有效防止管节起吊时意外摆动引发的撞击事故。

5.1.4 沉管式检查井施工方法并非传统的施工方法,鉴于沉管式检查井作业空间相对狭小、深度较深,其作业面有可能存在有毒、有害物质,为确保施工安全,应由单位技术负责人对其实施方案进行审批,且按照住房和城乡建设部令第37号《危险性较大的分部分项工程安全管理规定》进行专家论证后实施。

5.2 测 量

5.2.1 因沉管井是在管线完成后实施的,因此在进行沉管井定位时应考虑管线实际施工位置与设计位置的偏差,故在实际施工沉管井时应同时考虑管线实际位置与沉管井设计位置。

5.2.3~5.2.4 沉管下沉的测量主要控制轴线(偏移、倾斜)及高程。因此,管道下沉前需要对管道位置进行标记。条文规定了轴线控制及高程控制的标记方法。实际测量控制中应根据现场环境条件灵活、科学地进行控制测量。

5.2.5 这样做能够尽早发现控制桩位置的异常变化,有助于避免测量工作出现差错。

5.2.6 处于初沉阶段的管道,相对来讲其重心高,稳定性差,易发生不均匀下沉导致倾斜,因此应加强观测,及时采取纠偏措施。

5.3 沉 管

5.3.1 施工位置的清理有助于施工操作;沉管位置平整并夯实有助于下沉控制;实践中,安放首节管道的位置平面应尽可能处理成坚实水平面。

5.3.2~5.3.3 此两条规定是为了确保吊装安全。

5.3.4 本条规定利用承口作为管道下沉刃脚,便于切土下沉。

5.3.5 本条规定是为了防止管道不均匀下沉,确保管道下沉过程尽可能稳定。

5.3.7 本条规定是为了便于管道连接及防止杂物意外落入管内。

5.3.8 除土纠偏是指在下沉的管节的较高的刃脚处适当多除土,在下沉的管节的较低刃脚处适当少除土或不除土。压重纠偏是指在外露的下沉的管节管端的最高处适当堆放钢锭、铁块或沙袋等进行下压,这样沉管高处相对应的刃脚下的应力大于低的一侧刃脚下的应力,沉管高的一侧的下沉量大些,可起到纠偏作用。

5.3.9 当正常沉管难以下沉,且未到接管时机时,应采用灌砂或配重助沉,不宜把管节当配重提前安装连接助沉,这样会导致出土困难,加之承口连接处刚度相对较弱,会加大管节安装倾斜和出现安全隐患的概率,不利于沉管姿态的稳定和施工安全。

5.4 沉管井基础施工

5.4.4 基础做法:破除现有管道至1/2处,浇筑第一层混凝土到半管下 50 mm 处,将排水管钢筋弯曲到管井位置作为管井基础的构造筋,同基础钢筋绑扎在一起,浇筑第二层混凝土,完成管井基础的制作。

5.5 盖板及后装式爬梯安装

5.5.1 由于沉管深度及土质的差别,安放盖板时对基础混凝土强度的要求应根据具体情况差别对待,以不对基础混凝土产生不良影响为原则。

5.6 季节性施工

5.6.3 热期为日最高气温高于 35 ℃时。

7 施工安全与环境保护

7.1 施工安全

7.1.10 考虑到沉管井施工时面临的情况比较复杂,尤其是在老旧管线改造施工中,在破除现状管道时,极有可能遇到外泄的含有毒、有害物质的"臭气",甚至在土方开挖时都有可能遇到因污水渗漏而导致的"臭土",即便提前对老旧管线进行通风,仍不能完全保证管道中残留的"臭气"不会对施工人员产生有害影响,因此条文规定沉管井施工时应设置强制通风装置,应对待开挖作业位置进行有毒、有害物质检测并采取相应的防护措施以确保安全。

7.1.13 运行中的污水管道中通常缺氧,同时有较多可燃气体产生,本条规定要求通风是为了确保安全,实际操作时还可采用二氧化碳等气体进行局部管道的强制通风以消除爆炸隐患,但二氧化碳气体通风后仍须采用空气强制通风,以替换二氧化碳。

7.1.14 佩戴安全绳、安全带的规定是为了防止井下意外事件发生后因下井救援可能导致的连续意外事件发生。

7.1.15 本条规定是为了确保井下工作人员安全,必要时及时对井下人员进行救助。